# BEI GRIN MACHT SICH IHR WISSEN BEZAHLT

- Wir veröffentlichen Ihre Hausarbeit,
  Bachelor- und Masterarbeit

- Ihr eigenes eBook und Buch -
  weltweit in allen wichtigen Shops

- Verdienen Sie an jedem Verkauf

Jetzt bei www.GRIN.com hochladen
und kostenlos publizieren

Robert Mihelli

# Merkmale und Klassifikation der Industrieländer

GRIN Verlag

**Bibliografische Information der Deutschen Nationalbibliothek:**

Die Deutsche Bibliothek verzeichnet diese Publikation in der Deutschen National-
bibliografie; detaillierte bibliografische Daten sind im Internet über http://dnb.d-
nb.de/ abrufbar.



**Impressum:**

Copyright © 2003 GRIN Verlag GmbH
Druck und Bindung: Books on Demand GmbH, Norderstedt Germany
ISBN: 978-3-640-86858-2

**Dieses Buch bei GRIN:**

http://www.grin.com/de/e-book/19030/merkmale-und-klassifikation-der-industrie-
laender

RWTH AACHEN
Wirtschaftsgeographie

**HAUPTSEMINAR: ALLGEMEINE WIRTSCHAFTSGEOGRAPHIE**

# Merkmale und Klassifikation von Industrieländern

SS 2003

Fach: Wirtschaftsgeographie

vorgelegt an der
Rheinisch-Westfälischen Technischen Hochschule Aachen

von:
R o b e r t   M i h e l l i

Abgabetermin: 25.08.2003

# Inhaltsverzeichnis

# Abbildungs- und Tabellenverzeichnis

Wirtschaftsgeographie

## Merkmale und Klassifikation
## von Industrieländern

"Im letzten Viertel des 20. Jahrhunderts kündigt sich in der industriellen Wirtschaft ein Paradigmenwechsel an. Die Erkenntnis, daß systematische Ressourcennutzung und Naturausbeutung zwar Wohlstandsmehrung ermöglichen, der zunehmende Rohstoff- und Energieverbrauch und die problematischen Reststoffe industriellen Wirtschaftens aber die materiellen Bedingungen und die natürlichen Lebensgrundlagen in Gefahr bringen, führt zu der Notwendigkeit, freiwillige Grenzen des Verbrauchs zu setzen und das Verhältnis von Industrie und Natur neu zu begründen."

*Kierdorf, Alexander/Hassler, Uta: Denkmale des Industriezeitalters.*
*Von der Geschichte des Umgangs mit Industriekultur.*

# I. Einleitung

Mit Beginn der industriellen Revolution in der zweiten Hälfte des 18. Jahrhunderts, die durch die Erfindung von Maschinen, z.B. der Dampfmaschine 1769 durch James Watt, ausgelöst wurde, konnte die Handarbeit durch Maschinen abgelöst werden. Mit der Technisierung des Produktionsprozesses begann das moderne Industriezeitalter, zuerst in England dann mit zeitlichen Verzögerungen auf dem europäischen Kontinent und in der Übersee[1].

Vom wirtschaftlichen Standpunkt brachte die Industrielle Revolution in erster Linie eine stark gesteigerte Produktivität menschlicher Arbeit. Der Arbeitsprozess wurde durch die Verwendung von Maschinen und neuen Produktionstechniken verbessert. Die industrialisierenden Länder besaßen ein größeres wirtschaftliches Potential. Auf diesem Wege führte volkswirtschaftlich gesehen die Industrialisierung zu einem erhöhten Volkseinkommen dem ein verbesserter Lebensstandard folgte[2]. Gleichzeitig wurden die Mittel für ihren weiteren Ausbau und für die Forschung gewonnen. In ihren Anfängen wurde Industrialisierung mit Armut, traurigen Wohnbedingungen und Krankheit, vor allen Tuberkulose, gleichgesetzt. Im Gegensatz dazu wurde das Leben in der Landwirtschaft als gesund und erstrebenswert gezeichnet. Mit der Zeit erfolgte in dieser Hinsicht ein entscheidender Wandel des Sozialbewusstseins. Die Industrialisierung veränderte im weiteren die Bevölkerungsstruktur, ermöglichte so eine Entlastung der ländlichen Gebiete von einem immer stärker werdenden Bevölkerungsdruck und führte in der Folge zu einer Maßiven Reduktion der im primären Sektor Beschäftigten. Die

---


[1] Vgl. Knox, Paul L. / Marston, Sallie A.: Humangeographie, Heidelberg / Berlin, 2001, S. 81 ff.
[2] Vgl. Granados, Gilberto / Gurgsdies, Erik: Lern- und Arbeitsbuch Ökonomie, Bonn, 1990, S. 374.

Bevölkerung verteilte sich räumlich anders, es entstanden Zentren der Industrie und des Handels. Die Entwicklung des Welthandels zeigt immer deutlicher, dass die Haupthandelsströme immer stärker zwischen den Industrieländern zu fließen begannen und heute gegenüber jenen zwischen Industrie- und Entwicklungsländern bei weitem den Vorrang beanspruchen. Beobachtungen dieser Art drängen zu einer Gruppierung der Industrieländer in solche, die aufbauend auf selbständiger Forschung die Industrialisierung immer weiter entwickeln und jener andern, die einfach bekannte Prozesse übernahmen. Aus diesen Grunde könnten auch die Ausgaben für industrielle Forschung oder die Zahl der Erfindungen und der gelösten Patente wichtige Indikatoren für die Industrialisierung und vor allem für deren Charakter bilden.

Über die Merkmale der Industrieländer und deren Klassifikationen beschreibe ich die Formen, Elemente und Auswirkungen, beschäftige mich weiterhin mit der Entwicklung der Industrieländer und versuche in einem kleinen Rahmen ein brauchbares Bild zu skizzieren.

## II. Merkmale und Klassifikation

### 1. Die begriffliche Bestimmung

Das Wort »Industrie« kommt ursprünglich vom lateinischen »Industria«, von welchem sich der Begriff ableitet und dauernde Eingabe an irgend eine Tätigkeit bedeutet[3]. In englischer Sprache findet man heute noch das Wort »industrious« für sämtliche Vorgänge gebraucht, bei denen Rohstoffe verarbeitet und Güter erzeugt werden. Im Deutschen dagegen ist der Begriff »Industrie« in der Regel auf jene Verarbeitungsvorgänge beschränkt, bei denen Maschinen und moderne Arbeitsmethoden eingesetzt werden.

Diese und andere Verschiedenheiten können bei der Verwendung fremdsprachiger Literatur und Statistiken Missverständnisse verursachen. Wenn man den Begriff historisch und wirtschaftlich fasst, bezeichnet er eine wirtschaftsgeschichtliche Entwicklung, durch welche die menschliche Tätigkeit in ganz neue Richtungen gelenkt und die Produktion in nicht vorauszusehender Weise erhöht wurde. Diese "Industrielle Revolution" setzte in einigen europäischen Ländern schon in der zweiten Hälfte des 18. Jahrhunderts ein.

**Tab. 1: Die Industrialisierung (Auswahl)**

| *LAND* | *ZEITRAUM* | *LAND* | *ZEITRAUM* |
|---|---|---|---|
| ENGLAND | 1750 - 1790 | USA | 1790 - 1820 |
| FRANKREICH | 1780 - 1820 | JAPAN | 1780 - 1820 |
| DEUTSCHLAND | 1750 - 1790 | RUßLAND | 1850 - 1880 |

**Quelle:** Digel, Werner (Hrsg.): Die Wirtschaft, Mannheim/Wien/Zürich, 1998, S. 185.

---

[3] Vgl. Duden: Das große Fremdwörterbuch. Herkunft und Bedeutung der Fremdwörter, Manheim und Leipzig, 1994, S. 116.

### 1.1. Die wirtschaftliche Entwicklung

Die Wirtschaft ist die Gesamtheit aller Einrichtungen, Maßnahmen und Vorgänge, die mit der Produktion, dem Handel und dem Konsum von Waren bzw. Gütern in einen Zusammenhang stehen. Die Industrieländer weisen einen hohen Wirtschaftskomplexitätsgrad auf. Sie sind charakteristisch für die enge Verknüpfung von wirtschaftlicher Entwicklung und sozialem Wandel. Die wirtschaftliche Entwicklung wird häufig am Niveau und Veränderungen des Wohlstandes gemessen. Auf globaler Ebene wird die wirtschaftliche Entwicklung meist anhand ökonomischer Indikator wie zum Beispiel *Bruttoinlandsprodukt* (BIP) und *Bruttosozialprodukt* (BSP) gemessen. Das Bruttoinlandsprodukt ist Maßstab für den jährlichen Wert sämtlicher Güter und Dienstleistungen eines Landes innerhalb einer Periode. Es umfaßt alle von In- und Ausländern in den einzelnen Wirtschaftsbereichen innerhalb der Landesgrenzen erstellten und zu Marktpreisen bewerteten Waren und Dienstleitungen. Das Bruttosozialprodukt umfaßt neben dem BIP auch die im Ausland erwirtschafteten Einkommen. In den meisten Industrieländern lag das Pro-Kopf-Bruttosozialprodukt über 20.000 US-Dollar.

**Karte 1: Das Pro-Kopf-Bruttosozialprodukt 1997**

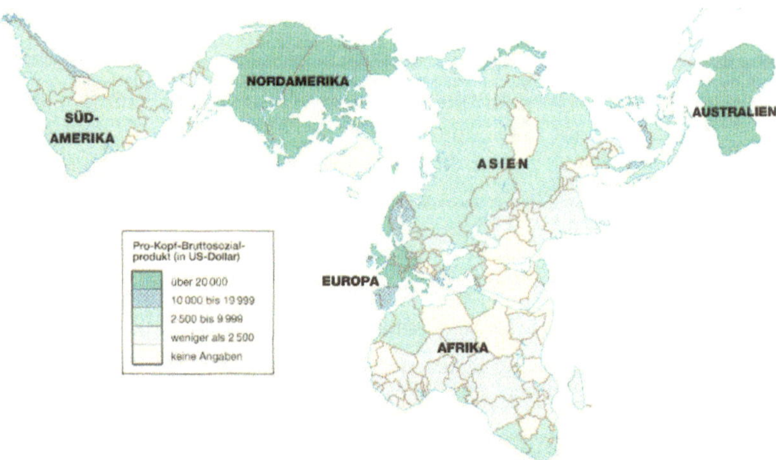


Die Karte zeigt das Wohlstandsgefälle zwischen den Ländern des Zentrums und der Peripherie. In den USA, Norwegen und der Schweiz liegt das Pro-Kopf-Bruttosozialprodukt über 20.000 US-Dollar, und in Haiti, Indonesien und Mali nicht mal 3.500 US-Dollar. Der Durchschnitt lag 1997 bei 6330 US-Dollar.
**Quelle:** Buckminster Fuller Institute: Kartenprojektion -- Pro-Kopf-BSP 1997, online im Internet <http://www.bfi.org/members/map5.htm>, 1999, [zugegriffen am 07. September 2002].

Das moderne Weltsystem besteht aus einem Netzwerk politischer Staaten, die in einem wirtschaftlichen Wettbewerb stehen. Jeder Staat versucht positiv den globalen Markt zu nutzen und sich gleichzeitig vor negativen Auswirkungen dieses Marktes zu schützen. Zur eigenen

Sicherheit verfolgen Staaten meistens drei Strategien:[4]

1.      Territoriale Expansion;
2.      Verzerrung der Märkte zugunsten heimischer Produzenten und/oder Konsumenten;
3.      Entwicklung einer Infrastruktur zur Mobilisierung einheimischer Ressourcen.

Jeder Staat hat ökonomische Strukturen, die in primäre, sekundäre, tertiäre und quartäre Wirtschaftsbereich unterteilt sind. Als primären Sektor versteht man wirtschaftliche Faktoren im Bereich Land- und Forstwirtschaft, Fischerei und Bergbau. Sekundärer Faktor ist der Wirtschaftsbereich, der das warenproduzierende und verarbeitende Gewerbe umfasst. Verkauf und Tausch von Gütern und Dienstleistungen gehören zu tertiären Sektor und Produktion, so wie die Verwaltung und Vermittlung von Informationen und Wissen zum quartären Sektor.

*Vom gesamten erwirtschafteten Verdienst der Industrieländer fällt proportional der größte Anteil auf die Dienstleistungen, gefolgt von dem Bereich Industrie; den kleinsten Anteil nimmt die Wirtschaft ein.*

**Tab. 2: Verdienst der Industrieländer**

|  | **Deutschland, 1997** | **Bei Erwerbstätigkeit** | **USA 1997** | **Bei Erwerbstätigkeit** |
|---|---|---|---|---|
| Bruttosozialprodukt | 2 320 985  Mio.$ | - | 7 783 092 Mio$ | - |
| Bruttoinlandsprodukt | 2 092 320  Mio.$ | - | 7 834 036 Mio.$ | - |
| Landwirtschaftsanteil | 01,1 % | 02,9 % | 01,6 % | 02,7 % |
| Industrie | 33,1 % | 34,3 % | 25,2 % | 23,9 % |
| Dienstleistungen | 65,8 % | 62,8 % | 73,2 % | 73, 5 % |

**Quelle:** von Baratta, Mario (Hrsg.): Der Fischer Weltalmanach 2000, Frankfurt am Main, 1999, S. 1131ff.

Technologische Fortschritte in der Energiewirtschaft, im Transportwesen und in Produktionsprozessen sind zu den wichtigsten Katalysatoren bei der Veränderung des wirtschaftlichen Entwicklungsmuster geworden. Das führte zu einer sukzessiven Expansion der Wirtschaftstätigkeit in Raum und Zeit. Die Globalisierung der Weltwirtschaft und Internationalisierung der Finanzsysteme, zusammen mit dem Einsatz der neuen Technologien und der Vereinheitlichung der Verbrauchermärkte ermöglichten eine internationale Arbeitsteilung. Dies verursachte auch eine größere Mobilität der Bevölkerung.

### 1.2. Bevölkerung

Schon am 12. Oktober 1999 gab das Bevölkerungsbüro der Vereinten Nationen bekannt, dass die Weltbevölkerung Sechs Milliarden Mark erreicht habe[5]. Immer wieder fragen sich

---

[4] Vgl. Knox, Paul L. / Marston, Sallie A.: a.a.O., S. 323 ff.
[5] Vgl. Vereinte Nationen: Das Bevölkerungswachstum, online im Internet
<http. www.dsw-online.de/pdfs/s4_5bevwachstum.pdf>, 2002, [zugegriffen: 27. September 2002].

Wissenschaftler und Politiker wie viele Menschen kann die Erde ausreichend mit Nahrung, Wasser, reiner Luft und anderen notwendigen Ressourcen versorgen, um ihnen ein glückliches, gesundes und zufriedenes Leben zu ermöglichen. Als der Kapitalismus in 15. Jahrhundert in Europa entstand, wies die Weltbevölkerung hohe Geburtenrate, hohe Sterberate und eine geringe Mobilität auf. Und heute hat sich in den meisten Industrieländern das Bevölkerungswachstum stark verringert, einige Staaten verzeichnen sogar schon eine Bevölkerungsabnahme. Die Verteilungsmuster der Bevölkerung können sehr unterschiedlich sein und werden von vielen verschiedenen Faktoren beeinflusst.

Der größte Teil der Weltbevölkerung drängt sich auf nur zehn Prozent der Festlandsfläche, vor allen in Küstennähe sowie an Seen oder schiffbaren Flüssen. Ungefähr 90 Prozent aller Menschen leben nördlich des Äquators, wo sich der größere Teil der Landmaßen befinden. Die Bevölkerungsdichten werden mit verschiedenen Maßzahlen beschrieben. Die am häufigsten gebrauchte derartige Maßzahl ist die rohe Bevölkerungsdichte, die zeigt Gesamtzahl der Bevölkerung einer Raumeinheit dividiert durch deren Gesamtfläche.[6]

**Tab. 3: Die 15 größten Länder der Welt im Jahre 2002**
(Bevölkerung in Millionen)

|      | Land | Population |
|------|------|------------|
| 01. | Volksrepublik China | 1,281 |
| 02. | Indien | 1,050 |
| 03. | Vereinigte Staaten | 287 |
| 04. | Indonesien | 217 |
| 05. | Brasilien | 174 |
| 06. | Russische Föderation | 144 |
| 07. | Pakistan | 144 |
| 08. | Bangladesch | 134 |
| 09. | Nigeria | 130 |
| 10. | Japan | 127 |
| 11. | Mexiko | 102 |
| 12. | Deutschland | 82 |
| 13. | Philippinen | 80 |
| 14. | Vietnam | 80 |
| 15. | Ägypten | 71 |

**Quelle**: Population Reference Bureau: Die größten Länder der Welt, online im Internet <http.www.prb.org>, 2002, [zugänglich: 12. Oktober 2002].

Die Altersstruktur der Bevölkerung eines Gebietes ergibt sich aus der Relation von Geburten- und Sterberate, wenn man von anderen Faktoren wie den Zu- und Abwanderungen oder Kriegen absieht. Bevölkerungsstruktur wird mit einem nach Alter und Geschlecht gegliedertes Balkendiagramm dargestellt. Je nach Altersstruktur des Bevölkerung ergeben sich geometrische Figuren, deren drei Grundformen Pyramide, Glocke, Urne als Maß und Muster der Bewertung von Altersstruktur benutzt werden. Die Pyramide mit breiter Basis drückt aus, dass jeder Jahrgang Neugeborener größer ist als der vorhergegangene, es handelt sich um eine sich

---

[6] Vgl. Knox, Paul L. / Marston, Sallie A.: a.a.O., S. 123-127.

verjüngende Bevölkerung, der Anteil der jugendlichen Bevölkerung nimmt zu. Die Glocke deutet an, dass jeder Jahrgang Neugeborener ungefähr gleich groß ist wie der vorhergegangene, es handelt sich um eine stagnierende Bevölkerung, der Anteil der verschiedener Jahrgänge ist etwa gleich. Die Urnenform besagt, dass jeder Jahrgang Neugeborener kleiner ist als der vorhergegangene, es handelt sich um eine abstubende Bevölkerung; der Anteil der älteren Jahrgänge ist größer als der jüngeren. Die so anstehende Urnen- oder Pilzform ist typisch für Industrieländer. In den Balkandiagramm werden drei Hauptaltersgruppen unterschieden.

1) *Kinder und Jugendliche unter 15 Jahren.* Sie sind noch nicht erwerbstätig. Volkswirtschaftlich verursachen die Kosten, die für Investitionen im Bereich Gesundheit und Ausbildung sind.
2) *Die Altersgruppe zwischen 15 und 65 Jahren* fast man als den produktiven oder aktiven Teil der Bevölkerung zusammen, da er in der Regel erwerbstätig ist.
3) *Die Altersgruppe über 65 Jahre* ist nicht mehr erwerbstätig. Sie verursacht Kosten in den Bereichen Rentenversorgung und Gesundheit.

Über die tatsächliche Zahl der Erwerbstätigen ist keine direkte Aussage möglich. In den Industrieländern erfolgt dies zum Beispiel durch eine verlängerte Ausbildung und Herabsetzung des Rentenalters.[7]

Volkswirtschaftlich wünschenswert ist eine ausgewogene Verteilung der drei Altersgruppen. Ein zu großer Anteil inaktiver Bevölkerung bedeutet hohe Investitionen, die von der produktiven Bevölkerung zu finanzieren sind. In Industrieländern ergibt sich durch einen hohen Anteil der Bevölkerung über 65 Jahre und einer niedrigen Geburtenrate mit schrumpfender Bevölkerung eine zunehmende Überalterung mit wirtschaftlichen und sozialen Problemen, wie Rentenfrage oder Krankenversicherung. Die Ursachen des Geburtenrückgangs in Industrieländern lassen sich nicht mit ausreichender Sicherheit und Genauigkeit feststellen. Im allgemeinen geht man aber davon aus, dass mindestens vier verschiedene Ursachen eine Rolle spielen:

1) Wandel der Aufgaben und der Struktur der Familie;
2) Anspruchsvoller Lebensstil;
3) Emanzipation der Frauen;
4) Familienplanung.

Dabei bleibt unklar, welches Gewicht den einzelnen Ursache zukommt.[8]

---

[7] Vgl. Stewig, Reinhard: Die Stadt in Industrie und Entwicklungsländern, Stuttgart, 1983, S. 84-86.
[8] Vgl. Bähr, Jürgen / Jentsch, Christoph / Kuls, Wolfgang: Bevölkerungsgeografie, Berlin/New York, 1992, S. 193 ff.

Durch verschiedene Vorschläge und politische Konzepte suchen Wissenschaftler und Politiker nach einem Bevölkerungsoptimum. Weder eine Verringerung der Einwohnerzahl noch ihre Erhöhung erbringt Vorteile für die betrachtete Bevölkerung. Die Bevölkerung benötigte eine andere Struktur des Lebensraums, also stieg die Anzahl der Stadtbewohner.

### 1.3. Verstädterung

Über Jahrtausende hinweg war der Lebensraum des Manschen ländlich bestimmt. Noch im Jahre 1800 lebten weltweit über 95 Prozent der Bevölkerung außerhalb jeder städtischen Siedlung. Der Anteil der Menschen, die damals in großen Städten mit mehr als 100 000 Einwohnern lebten, wird auf lediglich ein Prozent der Weltbevölkerung geschätzt. Zu einer solchen, für die damaligen Verhältnisse enormen Größe konnten sich nur die Hauptstädte mächtiger Staaten und einige Handelszentrale vor allem am Meer und an großen Flüssen entwickeln.

Mit der Industrialisierung änderte sich das. Viele Menschen zogen vom Land in die Stadt, weil sie durch den zunehmenden Einsatz von Maschinen in der Landwirtschaft als Arbeitskräfte überflüssig geworden waren und nur Arbeit im industriellen Bereich suchten. So entstanden in Europa und in den USA viele große Städte.

**Karte 2: Anstieg der Verstädterungsraten 1995 - 2000**

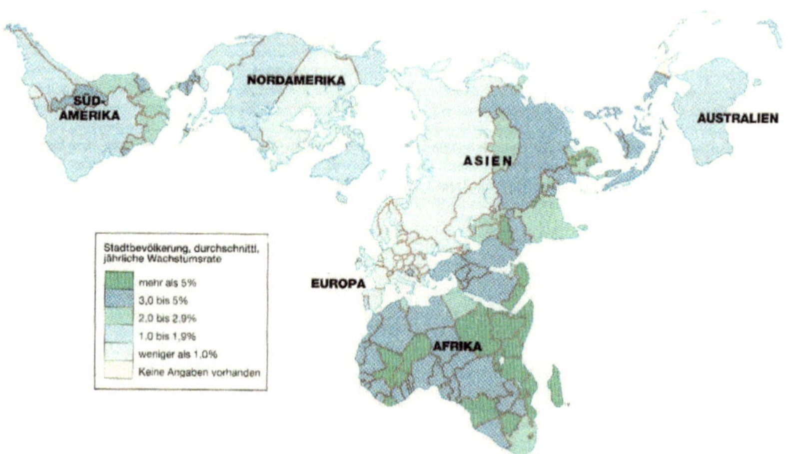


In den bereits stark verstädterten Industriestaaten war der Anstieg sehr gering, in Entwicklungsländern wie Afghanistan, Botswana, Burundi, Liberia, Ruanda und dem Jemen dagegen höher als sechs Prozent - was die Städte vor enorme Aufgaben stellt bezüglich der Bereitstellung von Arbeitsplätzen, Wohnraum und öffentlichen Dienstleistungen.

**Quelle:** Buckminster Fuller Institute: Kartenprojektion - Verstädterungsraten 1995-2000, online im Internet <http://www.bfi.org/members/map13.htm>, 2001, [zugegriffen am 07.09.2002].

Ein extremes Beispiel für Stadtwachstum im europäischen Industriezeitalter des 19. Jahrhunderts bietet Manchester (Großbritannien). Im Jahre 1750 war Manchester eine Kleinstadt mit 15.000 Einwohner, seine Bevölkerung wuchs 1801 auf 70.000. 1861 hatte Manchester 500.000 Einwohner und mit 2,3 Millionen im 1911 ist eine Weltstadt geworden.

Fast die Hälfte der Weltbevölkerung lebt heute in Städten. Ein großer Teil der Industriestaaten ist fast vollständig verstädtet und in den Entwicklungsländern ist die Verstädterungsrate gegenwärtig hoher denn je. Städte sind Motoren wirtschaftlicher Entwicklung und Zentren kultureller Innovation, sozialer Veränderung und politischen Wandels. Experten weisen auf vier grundlegenden Funktionen von Städten hin:

1) Städte bringen Entwicklung in Gang. Sie stellen einen passenden Rahmen für den Absatz von Konsumgütern dar.

2) In Städten werden Entscheidungen getroffen. Da die viele öffentliche wie private Institutionen ihre Standorte in den Städten haben, konzentriert sich hier politische und wirtschaftliche Macht.

3) In Städten werden neue Entwicklungen angestoßen. Die Bevölkerungskonzentration in Städten führt zu intensiver Interaktion und starker Konkurrenz; dadurch kommt es eher zu Innovationen, Wissenszuwachs und Informationsaustausch.

4) In Städten werden Dinge verändert. Größe, Dichte und Vielfalt der städtischen Bevölkerungen bewirken eine Liberalisierung der Lebensverhältnisse. Menschen können sich aus den Zwängen einer traditionellen ländlichen Gesellschaft lösen und an unterschiedlichen Lebensstilen und Verhaltensweisen teilhaben.[9]

Heutzutage in den Industrieländern ist Deindustrialisierung und Dezentralisierung nehmen immer mehr zu. Deindustrialisierung führt zu einem Verlust an Industriearbeitsplätzen, da Betriebe ihre Aktivitäten aufgrund der hier geringeren Profite zurücknehmen. In eine solche Situation gerieten beispielsweise Pittsburgh und Cleveland (USA), Sheffield und Liverpool (Großbritannien), Lille (Frankreich) und Lüttich (Belgien) - allesamt Städte, in denen die Schwerindustrie eine wirtschaftliche Schlüsselrolle spielte. Diese Entwicklung führt dazu, dass in großen Städten oft soziale Probleme sowie Umweltprobleme entstehen wie z.B. Elendsquartiers (Slums), erhöhtes aufkommen des Abfalls sowie eine Erlahmung der Verkehrsadern der Großstädte.[10]

---

[9] Vgl. Knox, Paul L. / Marston, Sallie A.: a.a.O., S. 495.
[10] Vgl. Knox, Paul L. / Marston, Sallie A.: a.a.O., S. 521.

### 1.4. Verkehr

Eine große Bedeutung für die Industrieländer hat auch der Verkehr. Personen- und Güterverkehrsverbindungen in allen Regionen der Erde waren noch nie so schnell und kostengünstig wie heute. Hinzu kommen die modernen technischen Möglichkeiten weltweiter, billiger Telefon- und Faxverbindungen und Computervernetzungen (Internet, e-Mail). Sie lassen ein Überschreiten nationaler und kontinentaler Grenzen immer selbstverständlicher werden und erlauben es die Geschäfte weltweit ohne Zeitverzögerung zu planen und zu beaufsichtigen.

Der Begriff Verkehrswesen umfasst nicht nur auf Wagen abgewickelte Transporte und dazu geschaffene technische Einrichtungen, sondern stellt eher einen wirtschaftlichen Funktionskomplex dar. Ihm gehören die großen Institutionen des Verkehrs an, die nationale und internationale Verkehrsaufgaben, wie Bahn, Post, Luftfahrt, Schiffahrt, Radio, Fernsehen, Telefon und Telegraphendienste ferner die Speditionen und Frachten. Der Anteil den das Verkehrswesen als mesostrukturellen Komplex am Bruttoinlandsprodukt erreicht ist mit 12-15% anzusetzen.[11]

**Tab. 4: Personenverkehr in Deutschland 1998**
(nach Bundesverkehrsministerium)

| Verkehrszweig | Beförderte Personen in Mio. | Personen-km in Mrd. |
|---|---|---|
| Kfz (privat) | 50876 | 755,7 |
| Straßenverkehr | 7807 | 75,9 |
| davon Linienverkehr (einschl. U- und Straßenbahn) | 7730 | 51,5 |
| Ausflugs- u. ä. Verkehr | 78 | 24,4 |
| Eisenbahnverkehr | 1804 | 66,5 |
| davon Fernverkehr | 149 | 34,3 |
| Luftverkehr | 104 | 37,5 |

**Quelle:** von Baratta, Mario (Hrsg.): Der Fischer Weltalmanach 2000, Frankfurt am Main, 1999, S. 1228.

Der motorisierte Strassentransport ist in meisten Ländern Hauptverkehrsträger. Er ist in Industrieländern von einem dichten Bahnnetz und vom Binnenflugnetz ergänzt. Wasserstrassen und Küstenschiffahrt können manche Erleichterungen schaffen, solange der Faktor Zeit keine Rolle spielt. Versorgungsnetze für Strom, Nachrichtenverkehr, auch für Gas und Wasser können organisatorisch zu Verbundnetzen zusammengeführt sein. Solche Netze sind mit steigender Effizienz der wirtschaftlichen Tätigkeit immer wichtiger. Mit der Steigerung des Verkehrsaufkommens insbesondere des Individualverkehrs und ständigen Neubau entsprechender Infrastruktureinrichtungen wuchsen auch die negativen Einflüsse auf die Umwelt wie Lärm-, Land-, Luft-, Boden-, Wasserbelastungen.[12]

---

[11] Vgl. Ritter, Wignad: Allgemeine Wirtschaftsgeographie, Wien, 1998, S. 87.
[12] Vgl. Jörg / Atzkern, Heinz-Dieter: Verkehrsgeographie, Stuttgart, 1992, S. 24.

### 1.5. Umwelt

Keine andere Umwälzung in der Geschichte der Menschheit hatte einen so starken Einfluss auf die Umwelt wie die Industrialisierung. Die Entwicklung und der Einsatz fossiler Brennstoffe, Kohle, Öl und Erdgas, war sicher zentrale und bedeutendste technologische Neuerung der industriellen Revolution. Derzeit ist Erdöl mit einem Anteil von 35% der mit Abstand wichtigste Energieträger, gefolgt von Kohle 24% und Erdgas 18%. Bio- Masse, das heißt Holz, Holzkohle, Ernterückstände und Tierdung, deckt 12% Wasserkraft 6%, auf die Kernenergie entfallen 5%. [13] In Bezug auf die Frage nach den Umweltauswirkungen dieser Phänomene ist von zentraler Bedeutung, dass jeder Schritt der Umwandlung von Ressourcen im Strom oder Wärme mit Maßiven Eingriffen in die Landschaft verbunden ist. In allen Tagebau-Kohlerevieren der Erde sei es in den Appalachen, in Westsibirien oder in Deutschland kommt es zu Verlusten an Vegetation und gewachsenem Boden, zu Erosion und Wasserverschmutzung, zur Auswaschung von Giften und Säuren.

**Tab. 5: Luftqualität in Großstädten 1992**

| Stadt | Schwefeldioxide | Schwebstaub | Blei | Kohlenmonoxid |
|---|---|---|---|---|
| Bangkok | niedrig | hoch | mittel | niedrig |
| Beijing (Peking) | hoch | hoch | niedrig | keine Angaben |
| Buenos Aires | keine Angaben | mittel | niedrig | keine Angaben |
| Kairo | keine Angaben | hoch | hoch | mittel |
| Delhi | niedrig | hoch | niedrig | niedrig |
| Jakarta | niedrig | hoch | mittel | mittel |
| Karachi | niedrig | hoch | hoch | keine Angaben |
| Kalkutta | niedrig | hoch | niedrig | keine Angaben |
| London | niedrig | niedrig | niedrig | mittel |
| Los Angeles | niedrig | mittel | niedrig | mittel |
| Manila | niedrig | hoch | mittel | keine Angaben |
| Mexico-Stadt | hoch | hoch | mittel | hoch |
| Moskau | keine Angaben | mittel | niedrig | mittel |
| Mumbai (Bombay) | niedrig | mittel | niedrig | niedrig |
| New York | niedrig | niedrig | niedrig | mittel |
| Rio de Janeiro | mittel | mittel | niedrig | niedrig |
| Sao Paulo | niedrig | mittel | niedrig | mittel |
| Seoul | hoch | hoch | niedrig | niedrig |
| Shanghai | mittel | hoch | keine Angaben | keine Angaben |
| Tokio | niedrig | niedrig | keine Angaben | niedrig |

**Quelle:** United Nations Enviroment: *Urban Air Pollution in Megacities of the World*, online im Internet < http://www.unep.org/themes/atmosphere/>, 2000, [zugegriffen: 09. Oktober 2002].

Die Verbrennung von Kohle ist ohne entsprechende Filter mit einer Relativ starken Emission umweltschädlicher Gase wie Kohlendioxid oder Schwefeldioxid verbunden. Durch das Verbrennen von Heizöl und die Verwendung von Kraftstoffen auf Erdölbasis in Verbrennungsmotoren gelangen gefährliche Chemikalien in die Erdatmosphäre, es entstehen Luftverschmutzung und damit verbundenen Gesundheitsrisiken. Bei der Produktion sowie beim

---

[13] Vgl. Knox, Paul L. / Marston, Sallie A.: a.a.O., S. 208.

Transport von Erdöl ereignen sich immer wieder Unfälle, die Ölkatastrophen zur Folge haben. Dabei kommt es zu schwerwiegender Wasserverschmutzung und zur Schädigung von Ökosystemen. Erdgas ist eine der am wenigsten umweltschädlichen Energieressourcen unter den brennbaren Kohlenwasserstoffgemischen, da Gewinnung, Transport und Verbrauch mit geringeren Belastungen verbunden sind. Aber es kommt bei der Gewinnung und Verbrennung ebenfalls zu negativen Einflüssen auf die Umwelt. So besteht ein Explosionsrisiko, und Gasverluste in den Verteilungssystemen tragen zur Belastung der Atmosphäre bei.

Um die Mitte des 20. Jahrhunderts wurde die Kernenergie als klar vorzuziehende Alternative gegenüber der Energiegewinnung aus fossilen Rohstoffen gepriesen. Kernenergie galt als sauberer und effektiver als fossile Brennstoffe. Erst als sich die ersten schweren Unfälle ereigneten. Die Katastrophe von Tschernobyl im Jahre 1986, hat auf dramatische Weise gezeigt, wie gefährlich sie ist. Seit diesem Vorfall haben viele Länder ihre Abhängigkeit von Atomstrom stark reduziert oder beschlossen, auf die Nutzung des Kernenergie ganz zu verzichten. Eine Zeit lang sah man auch in der Wasserkraft eine gute Alternative zu den die Umwelt belastenden fossilen Brennstoffen. Bald musste man erkennen, dass die Folgen waren Störungen des hydrologischen Gleichgewichts, erhöhte Verdunstung und verstärkte Uferabspülung sowie des Wasserlebens und Gesundheitsbeeinträchtigungen des Anwohner.

Für die Nutzung des Wasserkraft spricht dass die Luftbelastung gegenüber dem Einsatz fossiler Brennstoffe äußerst gering ist. Die Stoffe, die im Strassenverkehr und bei industriellen Fertigungsprozessen entstehen können sauer Regen verursachen. So werden durch saure Niederschläge und allgemein feuchte die Wälder geschädigt und vernichtet. Hinzu kommt die Versäuerung der Böden, durch die sich die Bedingungen für das Pflanzenwachstum zusätzlich verschlechtern. Es gibt zu fossilen Brennstoffen, Wasserkraft und Kernenergie Alternativen, die nicht mit einer Schädigung der Umwelt verbunden sind. Sonne, Wind, Erdwärme und die Gezeiten können saure, zuverlässige und wirtschaftliche Energiequellen sein.[14] Um die Effizienz der Nutzung zu bekommen, sollte man mehr Wert auf die Wissenschaft und Forschung legen, da so eine Grundlage der Entwicklung.

### 1.6. Wissenschaft und Forschung

Unterschiedliche Formen des Wissens haben im Laufe der Geschichte in zunehmendem Maße die kulturelle, technologische und wirtschaftliche Entwicklung, die Wettbewerbsfähigkeit und den Erfolg von sozialen System und Institutionen beeinflusst, aber auch zur Entstehung von sozialer und regionaler Ungleichheit beigetragen. Entwicklung und Fortschritt standen stets in einem Zusammenhang mit neuem Wissen, mit Entdeckungen, Erfindungen, Qualifikationen,

---

[14] Vgl. Knox, Paul L. / Marston, Sallie A.: a.a.O., S. 210-220.

neuen Möglichkeiten der Übertragung und Speicherung von Informationen, neuen Organisationsformen und einem neuen Verstehen von Zusammenhängen.

Wissen und Information sind neben den Faktoren Rohstoffe, Arbeit und Kapital zum vierten und Ende des 20. Jahrhunderts vermutlich wichtigsten Wirtschaftsfaktor geworden. Neues Wissen in Form von Technologien, Organisationen oder Produkten hat aber auch zur Entstehung von „neuen" sozialen und regionalen Ungleichheiten beigetragen. „Neues Wissen" ging meist von einer oder einigen wenigen Regionen aus und wurde erst im Rahmen eines mehr oder weniger langen Diffusionsprozesses von anderen Regionen übernommen. Ein zeitlicher Vorsprung an Wissen, Erfahrung, Qualifikation und technologischem Niveau hat den Innovationszentren und den früheren Adoptoren für einen bestimmten Zeitraum zu Wettbewerbsvorteilen und wirtschaftlicher Macht verhalfen und damit zu räumlichen Entwicklungsunterschieden geführt. In allen historischen Epochen waren die regionalen Zentren der politischen, religiösen und wirtschaftlichen Macht immer wieder identisch mit den regionalen Zentren des Wissens.

Große Entwicklungssprünge einer Kultur waren immer mit „neuem Wissen", etwa in Form von Entdeckungen, Erfindungen, „Heilswissen", technologischen Neuerungen oder mit neuen Möglichkeiten der Speicherung und Übertragung von Informationen verbunden. In allen historischen Epochen waren große Zäsuren und Entwicklungssprünge der Zivilisation mit einer Verbesserung in der Speicherung und Übermittlung von Informationen, Errichtung von Bibliotheken, Buchdruck, Telegraph, Telephon, moderne Techniken der Telekommunikation, Speicherung von Informationen auf Disketten oder Chips etc., mit einer exponentiellen Zunahme des Wissens und mit einem technologischen Fortschritt verbunden. Nach der Industriellen Revolution mussten solche Wettbewerbsvorteile, zumindest wenn die natürlichen Ressourcen knapp waren, vor allem durch Basisinnovationen, Erfindungen, neue Technologien oder eine überlegene Qualifikation des Führungspersonals und der Erwerbstätigen erworben werden. Diese neuen, auf Wissen und Qualifikationen basierenden Wettbewerbsvorteile haben allerdings keinen  so langfristig wirksamen Schutz vor der Konkurrenz geboten wie die Verleihung von Monopolen und Privilegien. Deshalb war der Schutz dieser geistigen Leistungen durch Patente eine wichtige Voraussetzung für die hohen Investitionen der Wirtschaft in Forschung und Entwicklung.

In den letzten Jahrzehnten des 19. Jahrhunderts hat zumindest in Europa die Bedeutung der Forschung und der Humanressourcen deshalb erneut zugenommen, weil in den damals aufstrebenden Schlüsselindustrien z.B. Chemie, Elektrotechnik, Maschinenindustrie der technologische Fortschritt - und damit auch der Vorsprung vor der Konkurrenz – immer weniger durch zufällig entstandene Erfindungen oder durch spontane Verbesserungen der

Technologie, sondern durch zielgerichtete, mit hohen Summen finanziert wissenschaftliche Forschungen zustande gekommen ist. Die Erkenntnis, dass die Anwendung des Wissens nicht nur in der Produktion, sonder auch im Management wichtig ist, hat sich allerdings erst in den 50er Jahren des 20. Jahrhunderts auf breiter Basis durchgesetzt.

Die größten Gewinne machen jene Unternehmen, welche schon in der Experimentierphase oder in der Innovations- und Pionierphase eines Produkts eine führende Rolle spielten. Um den Eintritt eines Produkts im seine Verlustphase in seine Verlustphase zu vermeiden bzw. zu verschieben, gibt es mehrere Möglichkeiten, von denen die meisten von den Erfolgen in Forschung und Entwicklung sowie von der  Qualifikation des Führungs- und Fachpersonals abhängen. Da die Innovationszyklen von Produkten immer kürzer werden, bei der Firma Siemens waren 1990 über  50% der Produkte jünger als fünf Jahre, werden auch immer größere Anforderungen an die fachliche Kompetenz der Manager, an das Niveau der Forschungs- und Entwicklungsabteilungen, an die Qualifikationen der Erwerbstätigen und an die Effizienz und Geschwindigkeit der Informationsverarbeitung gestellt.[15]

Die Verkürzung der Innovationszyklen neuer Produkte und Technologien erfordert vor allem aus drei Gründen hochqualifiziertes und hochinformiertes Personal. Erstens halten der durch eine neue Technologie oder Erfindung erzielte Wettbewerbsvorteil und der hohe Gewinne bringende Vorsprung vor den Konkurrenten nur noch für einen relativ kurzen Zeitraum an, so dass der Zwang besteht, mit großem Forschungs- und Entwicklungsaufwand ständig neue Innovationen zu schaffen.  Zweitens erfordern die immer kürzer werdenden Zyklen von neuen Technologien nicht nur vom Management, sondern auch von den Beschäftigten breit gefächerte Qualifikationen sowie die Fähigkeit und Bereitschaft, sich rasch in neue Bereich einzuarbeiten. Drittens hat sich der kritische minimale Schwellenwert des Niveaus der Forschung und des Ausbildungsniveaus der Erwerbstätigen, das für die wirtschaftliche Wettbewerbsfähigkeit eines Landes oder Unternehmens erforderlich ist, im Laufe der Jahre auf immer höhere Ebenen verlagert. Investitionen in neue Produktionsanlage sind oft die Voraussetzung für die Einführung neuer Produktionsverfahren oder neuer Produkte. So investieren beispielsweise amerikanische Firmen als sogenannte Drittmittel riesige Summen in  die Forschungsprojekte und erwerben auf diese Weise das Recht an den Entdeckungen mitzuprofitieren.[16]

---

[15] Hewlett-Packard erwirtschaftet 1/3 des Umsatzes mit Produkten die im vorherigen Jahr nicht geplant waren; Vgl: Storn, Arne: Biete Idee, suche Geld; *in*: Die Zeit, Nr. 25, Hamburg, 2002, S. 11.
[16] Vgl. Meusburger, Peter: Bildungsgeographie. Wissen und Ausbildung in der räumlichen Dimension, Heidelberg, 1998, S. 32 ff.

## II. Schlußwort

Die Palette der beschriebenen Merkmale und Klassifikationen ist in keiner Hinsicht eine komplette Darbietung des Problemkomplexes der Gegenwart. Die Wirtschaft ist in konstanter Bewegung und deswegen kommen immer neue Komponenten und Gesichtspunkte hinzu, die das Ganze ein wenig verändern, neu einfärben oder neu modellieren. In der geschichtlichen Entwicklung sind Anfangs Aspekte wie *Umwelt* oder Probleme, die langfristig *Verstädterung* sowie *Verkehr* verursachen, überhaupt nicht aufgefallen. Oder man konnte sich nicht, beflügelt von der Innovation des Momentes die negativen Ausmaße dieser Themenbereiche vorstellen. Es ist eine gute Möglichkeit mit der Einordnung dieser Begriffe die multikausale Kette der ökonomischen Evolution in kleinere Einheiten zuordnen, um diese dann leichter zu verstehen und weiterzugeben. Und wenn wir gut sind, können wir anhand der Daten ein neues Gespür für Verantwortung, Bedürfnisse und Problemlösungen konzipieren. Damit die Auswirkungen der Ökonomie in gerechteren und nachvollziehbaren Dimensionen die Evolution begleiten.

# Versicherung

Hiermit versichere ich, dass ich die vorliegende Hausarbeit selbständig und ohne Benutzung anderer als der angegebenen Hilfsmittel angefertigt habe.

Alle Stellen, die wörtlich oder sinngemäß aus veröffentlichten oder öffentlich zugänglichen Schriften entnommen sind, sind als solche mit Hinweis auf die/den UrheberIn kenntlich gemacht.

Die Arbeit ist in gleicher oder ähnlicher Form von mir nicht als Prüfungsarbeit eingereicht worden.

Aachen, den 25.08.2003

# Literatur


**BÄHR, Jürgen / JENTSCH, Christoph / KULS, Wolfgang**: *Bevölkerungsgeografie*, 1. Auflage, Berlin und New York, 1992.

**DIGEL, Werner** (Hrsg.): *Die Wirtschaft*, 1.Auflage, Mannheim und Wien und Zürich, 1998.

**DUDEN**: *Das große Fremdwörterbuch. Herkunft und Bedeutung der Fremdwörter*, 1. Auflage, Manheim,Wien, Zürich und Leipzig, 1994.

**GRANADOS, Gilberto / GURGSDIES, Erik:** *Lern- und Arbeitsbuch Ökonomie*, 4. Auflage, Bonn, 1990.

**HECKMANN, Friedrich**: *Ethnische Minderheiten, Volk und Nation*, 1. Auflage, Stuttgart, 1992.

**KNOX, Paul L. / MARSTON, Sallie A.**: *Humangeographie*, 1. Auflage, Heidelberg und Berlin, 2001.

**KIERDORF, Alexander / HASSLER, Uta:** *Denkmale des Industriezeitalters. Von der Geschichte des Umgangs mit Industriekultur*, 1. Auflage, Wasmuth und Tübingen, 2000.

**MAIER, Jörg / ATZKERN, Heinz-Dieter**: *Verkehrsgeographie*, 1. Auflage, Stuttgart, 1992.

**MEUSBURGER, Peter**: Bildungsgeographie. Wissen und Ausbildung in der räumlichen Dimension. 1. Auflage, Heidelberg, 1998.

**RITTER, Wignad**: *Allgemeine Wirtschaftsgeographie*, 3. Auflage, Wien, 1998.

**STEWIG, Reinhard**: *Die Stadt in Industrie und Entwicklungsländern*, 1. Auflage, Stuttgart, 1983.

**STORN, Arne**: *Biete Idee, suche Geld*; in: **Die Zeit**, Nr. 25, Hamburg, 2002.

**VON BARATTA, Mario** (Hrsg.): *Der Fischer Weltalmanach 2000*, 1. Auflage, Frankfurt am Main, 1999.


**Internet Links:**

**Vereinte Nationen:** *Das Bevölkerungswachstum*, online im Internet
<http. www.dsw-online.de/pdfs/s4_5bevwachstum.pdf> [zugegriffen: 27. September 2002].

**Population Reference Bureau:** *Die größten Länder der Welt*, online im Internet
<http. www.prb.org> [zugegriffen: 12. Oktober 2002].

**Buckminster Fuller Institute:** *Kartenprojektion*, online im Internet
<http://www.bfi.org/members/map5.htm>, 1997, [zugegriffen am 07.09.2002].

Hauptseminar: Allgemeine Wirtschaftsgeographie

# Merkmale und Klassifikation von Industrieländern

ANHANG

## Länder Klassifikationen (gemäß Weltbank)

- Länder mit niedrigen Einkommen: (BSP/Kopf 1997 bis 785 $)

  z.B. Indien, Pakistan, Bangladesch, Äthiopien.

- Länder mit Mittleren Einkommen:

  4)　Untere Einkommenskategorie: (BSP/Kopf 1997 bis 736 - 3125 $ )

  　　z.B. China, Indonesien.

  5)　Obere Einkommenskategorie: (BSP/Kopf 1997 bis 3126 - 9655 $)

  　　z.B. Südafrika, Brasilien, Chile.

- Länder mit hohem Einkommen: (BSP/Kopf 1997 über 9655 $)

  z.B. Europa, Nordamerika, Australien, Japan.

- Schwellenländer: Länder an der Schwelle zu den Industrieländern

  (NICs)

Quelle: Weltbank (http://www.worldbank.org), 2000.

## Entwicklungsindikatoren (gemäß Weltbank)

- Pro-Kopf-Einkommen
- Einkommen-/Vermögensverteilung
- Armutindizes

- Alphabetisierungsrate
- Lebenserwartung
- Geburtenrate
- Aber auch: demographische, politische u.a. Indikatoren

Quelle: Weltbank (http://www.worldbank.org), 2000.

## World Population Clock 2001

|  | World | More Developed Countries | Less Developed Countries | Less Developed Countries(less China) |
|---|---|---|---|---|
| **Population:** | 6,214,891,000 | 1,197,329,000 | 5,017,562,000 | 3,736,850,000 |
| **Births per:** | | | | |
| Year | 133,144,457 | 13,280,363 | 119,864,094 | 102,728,168 |
| Month | 11,095,371 | 1,106,697 | 9,988,675 | 8,560,681 |
| Week | 2,560,470 | 255,392 | 2,305,079 | 1,975,542 |
| Day | 364,779 | 36,385 | 328,395 | 281,447 |
| Hour | 15,199 | 1,516 | 13,683 | 11,727 |
| Minute | 253 | 25 | 228 | 195 |
| Second | 4.2 | 0.4 | 3.8 | 3.3 |
| **Deaths per:** | | | | |
| Year | 53,930,540 | 12,168,652 | 41,761,888 | 33,526,910 |
| Month | 4,494,212 | 1,014,054 | 3,480,157 | 2,793,909 |
| Week | 1,037,126 | 234,013 | 803,113 | 644,748 |
| Day | 147,755 | 33,339 | 114,416 | 91,855 |
| Hour | 6,156 | 1,389 | 4,767 | 3,827 |
| Minute | 103 | 23 | 79 | 64 |
| Second | 1.7 | 0.4 | 1.3 | 1.1 |
| **Natural Increase per:** | | | | |
| Year | 79,213,917 | 1,111,711 | 78,102,206 | 69,201,258 |
| Month | 6,601,160 | 92,643 | 6,508,517 | 5,766,772 |
| Week | 1,523,345 | 21,379 | 1,501,966 | 1,330,793 |
| Day | 217,024 | 3,046 | 213,979 | 189,592 |
| Hour | 9,043 | 127 | 8,916 | 7,900 |
| Minute | 151 | 2 | 149 | 132 |
| Second | 2.5 | 0.04 | 2.5 | 2.2 |
| **Infants Death per:** | | | | |
| Year | 7,254,371 | 94,505 | 7,159,866 | 6,621,798 |
| Month | 604,531 | 7,875 | 596,656 | 551,817 |
| Week | 139,507 | 1,817 | 137,690 | 127,342 |
| Day | 19,875 | 259 | 19,616 | 18,142 |
| Hour | 828 | 11 | 817 | 756 |
| Minute | 14 | 0.2 | 14 | 13 |
| Second | 0.2 | 0.003 | 0.2 | 0.2 |

Quelle: Population Reference Bureau (http://www.prb.org), 2001.

Quelle: Weltbank (http://www.worldbank.org)

## GDP and Revenues of Transnational Corporations

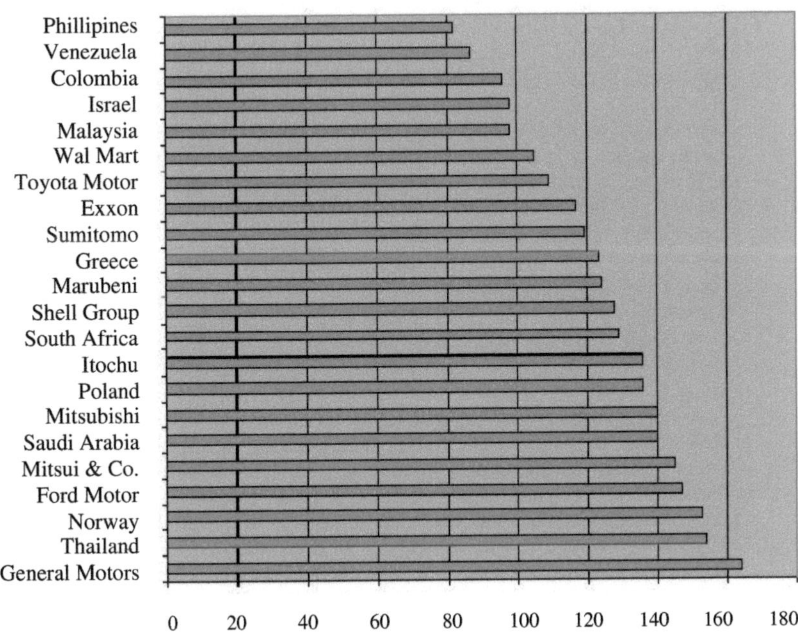


Quelle: Weltbank (http://www.worldbank.org)

## Glossar zur Wirtschaftsgeographie

*Als Ergänzung und als Hilfe sind hier Begriffe aufgelistet die direkt oder indirekt in dieser Arbeit angesprochen werden.*

**ARBEITSLOSE:** Arbeitnehmer, die vorübergehend nicht in einem Beschäftigungsverhältnis stehen und beim Arbeitsamt als arbeitslos gemeldet wurden.

**ARBEITSLOSENQUOTE:** Anteil der beim Arbeitsamt registrierten Arbeitslosen an den abhängigen zivilen Erwerbspersonen (sozialversicherungspflichtig und geringfügig Beschäftigte, Beamte, Arbeitslose).

**BENCHMARK:** Spitzenleistung in einer Branche. Durch Benchmarking, d.h. Lernen von den Besten, sollen eigene Schwächen aufgedeckt und Spitzenleistungen erreicht werden.

**BESCHÄFTIGTE:** Alle in einem Unternehmen tätige Personen einschl. tätige Inhaber, Mitinhaber und mithelfende Familienangehörige, die mindestens ein Drittel der üblichen Arbeitszeit im Betrieb tätig sind einschl. Teilzeitbeschäftigte und Aushilfsarbeiter, ohne Heimarbeiter. Von den Beschäftigten (erfaßt am Arbeits-ort, Arbeitsstätte) werden die Erwerbstätigen (erfaßt am Wohnort, Wohnung) unterschieden. Beschäftigte werden nach Sektoren und Wirtschaftszweige und - funktional - nach Berufen und Tätigkeiten erfasst.

**BESCHÄFTIGUNGSSTATISTIK:** Diese Statistik der Bundesanstalt für Arbeit (BfA) in Nürnberg umfaßt etwa 80 Prozent aller Erwerbstätigen, nicht Beamte, Selbständige und mithelfende Familienangehörige sowie „geringfügig" Beschäftigte, die nicht der Versicherungspflicht unterliegen.

**BRUTTOINLANDSPRODUKT (BIP):** Die gesamte für den Endverbrauch bestimmte Produktion von Gütern und Dienstleistungen einer Volkswirtschaft in einem bestimmten Zeitraum (meist ein Jahr), produziert von Inländern und von Auslän-dern. Nicht enthalten sind Vorleistungen. Das Bruttoinlandsprodukt bildet die inländische Wirtschaftsleistung besser ab als das BSP.

**BRUTTOSOZIALPRODUKT (BSP):** BIP + Erwerbs- und Vermögenseinkommen aus dem Ausland (Einkommen für Arbeit und Kapital) ./. Einkommen an Ausländer, die zur inländischen Wirtschaft beitragen. Bruttoinlandsprodukt und Bruttosozial-produkt unterscheiden sich durch den Saldo der Erwerbs- und Vermögensein-kommen, die über die Grenzen zu- oder abfließen, vor allem Kapitalerträge. In-landsprodukt und Sozialprodukt werden sowohl „brutto" als auch „netto", d. h. nach Abzug der Abschreibungen berechnet. Diese vier Größen können zu Marktpreisen und zu Faktorkosten berechnet werden, d.h. entweder einschließ-lich oder ohne „indirekte Steuern abzüglich Subventionen". Der Weltentwicklungsbericht der Weltbank enthält jährlich eine Rangliste der Länder nach dem BSP pro Kopf in US-$, klassifiziert in Länder mit niedrigem Einkommen, mit mittlerem Einkommen und mit hohem Einkommen. Wegen der Kritik an einer Umrechnung aus der jeweiligen Landeswährung in US-Dollar nach dem offiziellen Wechselkurs wird das BSP in Kaufkraftparitäten (KKP) umgerechnet (KKP in $). Das Bruttosozialprodukt ist als Maßstab für den Entwicklungsstand oder Wohlstand ungeeignet, da es eine Reihe von Beschränkungen aufweist und In-formationen fehlen, wofür es verwendet wird: es erfaßt nur den monetären Aus-tausch, d. h. z. B. nicht die Arbeit im privaten Haushalt und unentgeltliche soziale Dienste, es stellt Gutes und Schlechtes gleich, d. h. die Betreuung von Kindern der Herstellung von Waffen, es berücksichtigt nicht die Zerstörung und Belas-tung der Umwelt und die Erschöpfung natürlicher Ressourcen, auch nicht Frei-heit, Menschenrechte oder Mitbestimmung und es bewertet nicht die Freizeit.

**DEINDUSTRIALISIERUNG:** Anhaltend starker Rückgang der Industrietätigkeit, erkennbar an der absoluten und relativen Abnahme der Beschäftigten in der Industrie.

**DIENSTLEISTUNGEN:** In der Literatur findet sich keine allgemein anerkannte Definition von Dienstleistungen. Im Allgemeinen werden Dienstleistungen durch spezifische Eigenschaften von Sachgütern unterschieden. Als Merkmale von Dienstleistungen werden genannt: Der immaterieller Charakter der Leistung, das uno-actu Prinzip (d.h. Gleichzeitigkeit von Entstehung und Konsum), die geringe Lagerfähigkeit, die geringe Transportierbarkeit, der Prozess der Leistungserstel-lung. Eine eindeutige und trennscharfe Abgrenzung zwischen Sachgütern und Dienstleistungen ist nicht möglich, es gibt breite Überschneidungsbereiche. Eini-ge Dienstleistungen können nur im Zusammenhang mit materiellen Gütern er-bracht werden, z. B. Transportleistungen, andere sind völlig immateriell. Dienstleistungen werden häufig in Funktionstypen aufgegliedert wie soziale Dienstleistungen, distributive Dienstleistungen, öffentliche Dienstleistungen oder nach der hauptsächlichen Verwendung des Angebotes in haushalts- und unternehmensorientierte oder wirtschaftsnahe Dienstleistungen. .

__**Haushaltsorientierte Dienstleistungen:**__ Sie dienen direkt dem End-verbraucher und werden überwiegend von privaten Haushalten genutzt.

__**Produktionsorientierte oder industrielle Dienstleistungen:**__ Dienstleistungsfunktionen, die der Fertigung vor- und nachgelagert sind, wie z. B. Reinigungs-, Wartungs- und Instandhaltungsleistungen, Marketing, Logistik und Datenverarbeitung.

__**Unternehmensorientierte Dienstleistungen:**__ Darunter werden Dienstleis-tungen verstanden, die nicht für den privaten Konsum "produziert" werden, sondern von Unternehmen nachgefragt werden. Eine einheitliche Definition und Klassifikation von Unternehmen oder Tätigkeiten, die diesem Dienstleis-tungssegment zugeordnet werden können, gibt es nicht. Zu den unterneh-mensorientierten Dienstleistungen gehören die produktionsorientierten oder industriellen Dienstleistungen und Dienstleistungsfunktionen, die relativ ferti-gungsfern sind, der Produktion übergeordnet sind oder sie begleiten, z. B. Unternehmens- und Managementberatung, Personalentwicklung oder Ma-nagementtraining. Unternehmensorientierte Dienstleistungen werden unter-schieden in geringwertige unternehmensorientierte Dienstleistungen, z. B. Reinigungs- und Wachdienste, und höherwertige oder wissensintensive Dienstleistungen, z. B. Softwareentwicklung, Werbung und Unternehmens-beratung.

__**Wissensintensive Unternehmensorientierte Dienstleistungen**__: Unter der unternehmensorientierten Dienstleistungen (Rechts-, Steuerberatung, Unternehmens- und Managementberatung, Wirtschaftsprüfung, technische Bera-tung und Planung, Werbung und sonstige Dienstleistungen für Unternehmen wie Datenverarbeitung, Softwareentwicklung und -beratung und Markt- und Meinungsforschung) zeichnen sich wissensintensive Dienstleistungen durch ein besonders dynamisches Wachstum aus. Gemeinsame Merkmale wis-sensintensiver unternehmensorientierter Dienstleistungen sind humankapi-tal- und know-how-intensive Leistungen, der hohe Grad an Immaterialität der Produkte, der wiederum die Standardisierung der Leistung erschwert, und der intensive Interaktionsprozess zwischen Anbieter und Nachfrager, der für den Austausch der Leistung erforderlich ist. Das gilt nicht für z. B. Reini-gungs-, Wartungs- und Instandhaltungsdienstleistungen und Routinedienst-leistungen.

**DIENSTLEISTUNGSBILANZ:** Sie zeigt die Verkäufe von Dienstleistungen an Aus-länder und die Dienstleistungskäufe aus dem Ausland. Darin enthalten sind u.a. Dienstleistungen im Tourismus, Provisionen, Gebühren für Lizenzen und Patente und Transportleistungen. Die Dienstleistungsbilanz ist neben der Handelsbilanz und der Übertragsbilanz Teil der sog. Leistungsbilanz.

**DIREKTINVESTITIONEN:** Kapitalanlagen privater Unternehmen im Ausland, um ein Unternehmen zu gründen, zu erweitern, zu erwerben oder um sich an einem Unternehmen zu beteiligen (Auslandsinvestitionen). Direktinvestitionen unterscheiden sich von sog. Portfolioinvestitionen, die getätigt werden, um Gewinne, Dividenden oder Kursgewinne zu erzielen, durch die Absicht, Kontrolle über ein ausländisches Unternehmen zu erhalten. Voraussetzung dafür ist nach der Statistik der Deutschen Bundesbank eine Beteiligung von mindestens 25 % an einem ausländischen Unternehmen.

**DRITTE WELT:** Dieser Begriff ist mit dem Verschwinden der sozialistischen „zweiten Welt" obsolet geworden. Er wird umgangssprachlich synonym mit „Entwicklungs-länder" (ein eher modernisierungstheoretisch inspirierter Begriff) „unterentwickel-ter Länder" (ein eher dependenztheoretisch inspirierter Begriff), „Peripherländer", „Länder des Südens" verwendet.

**ENTWICKLUNG:** Definition von RAUCH (1996, S. 16): „die Fähigkeit von Menschen (und ihrer gesellschaftlichen Institutionen), zumindest ihre materiellen Grundbedürfnisse unter Berücksichtigung der verfügbaren natürlichen Ressourcen (und ihrer Regenerationsfähigkeit) und der sich wandelnden Rahmenbedingungen dauerhaft zu befriedigen", anders ausgedrückt: „Prozess der zunehmenden bzw. anhaltenden Fähigkeit von Armutsgruppen, ihre vordringlichen Probleme in möglichst hohem Maße aus eigener Kraft und auf Dauer zu lösen". Es handelt sich dabei um einen offenen und dynamischen Entwicklungsbegriff, der alle Arten realer Entwicklung einschließt, die geeignet sind, unter den jeweiligen Be-dingungen zumindest die Grundbedürfnisse von Menschen auf Dauer zu befrie-digen.

**ERWERBSFÄHIGE:** Männer der Altersgruppen 15 bis 65 Jahre, Frauen der Altersgruppen 15 bis 60 Jahre.

**ERWERBSLOSE:** Personen ohne Arbeitsverhältnis, die sich um eine Arbeitsstelle bemühen, unabhängig davon, ob sie beim Arbeitsamt arbeitslos gemeldet sind.

**ERWERBSPERSONEN:** alle Personen mit Wohnsitz im Bundesgebiet, die eine auf Erwerb gerichtete Tätigkeit ausüben oder suchen (Selbständige, mithelfende Familienangehörige, Abhängige): Erwerbstätige + Erwerbslose.

**ERWERBSQUOTE:** Erwerbstätige je 100 Einwohner.

**ERWERBSTÄTIGE:** Personen, die in einem Arbeitsverhältnis stehen (einschl. Soldaten und mithelfende Familienangehörige), selbständig ein Gewerbe oder eine Landwirtschaft betreiben oder einen freien Beruf ausüben, unabhängig von der Bedeutung für den Lebensunterhalt und unabhängig von der Arbeitszeit. Auszubildende zählen zu den Erwerbstätigen, ehrenamtlich Tätige nicht.

**ERWERBSTÄTIGENQUOTE:** Erwerbstätige am Arbeitsort je 1 000 Einwohner.

**INDUSTRIALISIERUNG:** Ausbreitung und relative Zunahme industrieller Produktions- und Organisationsformen in einer Volkswirtschaft bei in der Regel abnehmender Bedeutung von Landwirtschaft und Handwerk.

**INDUSTRIE:** Die amtliche Statistik erfaßt nicht Industrieunternehmen, sondern industrielle Kleinbetriebe mit weniger als 20 Beschäftigten und Betriebe des Verarbeitenden Gewerbes mit 20 und mehr Beschäftigten im Abschnitt D der neuen EU-Systematik, die für alle nationalen Erhebungen seit 1995 verbindlich vorgeschrieben ist (Klassifikation NACE Rev. 1). **INDUSTRIEBESATZ:** Industriebeschäftigte je 1 000 Einwohner.

**INDUSTRIELAND:** Bezeichnung für Staaten, deren Wirtschaft stark durch die Industrie bestimmt wird.

**INDUSTRIESUBURBANISIERUNG:** Innerregionale Dekonzentration der Arbeitsplätze in der Industrie: Zunahme des Umlandanteils im Verdichtungsraum und

Abnahme des Kernstadtanteils aufgrund innerbetrieblicher Veränderungen (Erweiterungen, Verkleinerungen) und Standortveränderungen (Ansiedlungen, Stillegungen, Verlagerungen) in Kernstadt oder Umland.

**INFORMELLER SEKTOR:** (Auch als Schattenwirtschaft bezeichnet). Das Internatio-nale Arbeitsamt in Genf (International Labour Office/ ILO) nennt als Merkmale geringe Eintrittsbarrieren, lokale Ressourcen, Familienbetriebe, Kleinbetriebe, arbeitsintensive und angepaßte Technologien, unregulierte und dem Wettbe-werb ausgesetzte Märkte. Die in diesem Sektor Tätigen organisieren ihre Arbeit selbst und stehen außerhalb der Regelsysteme des Arbeitsmarktes, zahlen kei-ne Steuern, keine Sozialabgaben und keine Versicherungsbeiträge. Sie erwirtschaften z. B. in Brasilien mehr als ein Drittel zum offiziellen Volkseinkommen hinzu. Arbeitslosigkeit, mangelnde Fähigkeit des Staates, Steuern zu erheben und hohe Steuern und Abgaben begünstigen Tätigkeiten in diesem Sektor. Der informelle Sektor ist in der Dritten Welt Ausdruck vielfältiger Überlebensstrategien.

**INFRASTRUKTUR:** Staatliche und private Einrichtungen für die Daseinsvorsorge und Wirtschaft, z. B. Ver- und Entsorgungseinrichtungen wie Kraftwerke und Müllverbrennungsanlagen, Verkehrswege, Gesundheits-, Bildungs- und kulturelle Einrichtungen. Zur materiellen Infrastruktur zählen Gebäude, zur institutionellen Infrastruktur gesellschaftliche Normen und Einrichtungen, zur personellen Infrastruktur Fähigkeiten und Kenntnisse.

**INNOVATION:** Als Innovation wird neues Wissen, ein neues Verfahren oder ein neues Produkt bezeichnet. Die Diffusion von Innovationen verläuft weder zeitlich noch räumlich kontinuierlich. Es werden unterschieden: Produktinnovationen, Prozeß- oder Verfahrensinnovationen und organisatorische Innovationen. Der Innovation voraus geht die Invention (Erfindung).

**LANDWIRTSCHAFT:** Die Bewirtschaftung des Bodens zur Erzeugung pflanzlicher und tierischer Produkte.

**MITTELSTAND:** Ein typisch deutscher Begriff. Im Unterschied zum Ausland, wo man von kleinen und mittleren Unternehmen mit einer bestimmten Zahl an Beschäftigten spricht, umfaßt der Begriff in Deutschland auch qualitative Aspekte. Typisch ist die Verbindung von Eigentum und Leitung. In Deutschland werden dazu Betriebe mit 10 bis 499 Beschäftigte gerechnet, in der EU (eurostat) 50 bis 250 Beschäftigte (sog. mittlere Unternehmen).

**PRODUKTIONSFAKTOREN:** Zu den klassischen Produktionsfaktoren gehören Arbeit, Boden und Kapital (Sach- und Humankapital). Zunehmende Bedeutung er-hält Wissen als Produktionsfaktor.

**PRODUKTIONSKETTEN:** Produktionsketten (production chain, commodity chain, value-chain, filière, jeweils etwas unterschiedlich definiert) bezeichnen zwischenbetriebliche vertikale Netzwerke (arbeitsteilig miteinander verflochtene Unternehmen mit Zuliefer-Abnehmerbeziehungen). Die Komplexität vieler Produkte einerseits sowie Unterschiede in der Qualität der Produkte und Prozesse zwi-schen den einzelnen Gliedern (Globalisierung der Produktion) führen häufig zu einer direkten Einflussnahme in Produktionsabläufe und Standortentscheidun-gen durch die Abnehmer (=Kunden). Dies wird als Steuerung (governance) von Produktionsketten bezeichnet. Neben der Beschreibung von Funktionszusammenhängen können mit diesem Konzept analytisch Machtbeziehungen, Handlungsspielräume und Lernprozesse von und zwischen Unternehmen untersucht werden.

**REGION:** Ein offener mehrdimensionaler Begriff sowohl im öffentlichen Diskurs als auch im wissenschaftlichen Sprachgebrauch, der in unterschiedlichen fachlichen und inhaltlichen Kontexten und darüber hinaus auch metaphorisch verwendet wird.

Regionen können bestimmt werden nach der Distanz, nach funktionalen Verflechtungen, z. B. zwischen Wohnort und Arbeitsort, nach siedlungsstrukturellen Merkmalen, z. B. mehr städtisch oder mehr ländlich geprägt, nach einer wie auch immer beobachteten regionalen Identität oder pragmatisch als mittlere Planungs- und Handlungsebene zwischen der Kommunal- und der Landesebene im politisch-administrativen System. Geographen verstehen meist unter der Re-gion die mittlere räumliche Maßstabsebene zwischen Nationalstaat und Ge-meinde, die nach verschiedenen inhaltlichen Kriterien als zusammengehörig an-gesehen wird, z. B. nach politischen, wirtschaftlichen oder kulturellen Merkma-len. Regionen werden unterschieden nach Merkmalen, Aktivitäten und sozialer Kommunikation, definiert durch Wahrnehmung und Identität. Beispiele für eine Strukturregion sind Vegetationsregionen und Räume hoher Bevölkerungsdichte, für Funktionalregionen Wassereinzugsbereiche und Arbeitsmarktregionen, für Aktivitätsregionen Raumordnungsregionen und Planungsregionen, für Wahr-nehmungsregionen Ruhrgebietsidentität. Hier ist Region nicht im materiellen erd-räumlichen Sinne verstanden, sondern als Element der sozialen Kommunikation. Da die realen, strukturellen oder funktionalen Eigenschaften von Räumen ein Er-kenntnisobjekt der Geographie bilden, lassen sich in diesen Räumen Begriffe, Hypothesen oder Theorien überprüfen. Neben der „mittleren" Maßstäblichkeit wird der Regionsbegriff auch in einem ganz anderen Sinne verwendet: als Zu-sammenfassung mehrerer Staaten. So ist mit Trend zur „Regionalisierung" der Weltwirtschaft die Bildung von regionalen Freihandelszonen und Wirtschaftsblö-cken wie EU, NAFTA oder gar APEC (Asean Pacific Economic Cooperation) gemeint.

**SCHWELLENLAND:** Ein bereits stärker industrialisiertes Land, das in größerem Um-fang höher entwickelte Industriegüter exportiert, an der Schwelle zum Industrie-land, z. B. Brasilien.

**SEKTOR:** Es werden in der Wirtschaft traditionell drei Sektoren unterschieden: pri-märer, sekundärer und tertiärer Sektor, d. h. Land- und Forstwirtschaft, produzie-rendes Gewerbe und Dienstleistungen. Der tertiäre Sektor wurde lange als Rest-kategorie angesehen. Dies erklärt die heterogene Zusammensetzung. Ihn wur-den alle Tätigkeiten zugeordnet, die nicht als landwirtschaftliche, forstwirtschaftli-che und industrielle Tätigkeiten angesehen wurden: Handel, Verkehr, Nachrich-tenübermittlung, Kredit- und Versicherungsgewerbe, Dienstleistungen für Unter-nehmen, Organisationen ohne Erwerbszweck sowie Gebietskörperschaften und Sozialversicherungen. Aus dem tertiären Sektor wurde der quartäre Sektor aus-gegliedert, der die wissensintensiven Dienstleistungen zusammenfaßt, da ihre Bedeutung stark zunimmt und vor allem hier Wachstumspotential vermutet wer-den.

**TERMS OF TRADE:** Verhältnis von Ausfuhrpreisen zu Einfuhrpreisen. In ihrer ge-bräuchlichsten Variante werden die Terms of Trade durch das Verhältnis des In-dex der Ausfuhrpreise zum Index der Einfuhrpreise - jeweils in einer Währung - ausgedrückt. Steigen die Ausfuhrpreise bei konstanten Einfuhrpreisen oder sin-ken die Einfuhrpreise bei konstanten Ausfuhrpreisen, dann verbessern sich für eine Volkswirtschaft die Terms of Trade: Für die gleiche Exportmenge können mehr Importgüter eingeführt werden, die Realeinkommen im Inland steigen. Die Annahme, dass sich die realen Tauschverhältnisse zwischen den Industrielän-dern (Industriegüterexport) und den Entwicklungsländern (Rohstoffexporte) stän-dig verschlechtern, trifft allgemein nicht zu. Von 1960 bis zur Ölpreiserhöhung 1973 erhöhten sich die Terms of Trade der Entwicklungsländer (auch ohne die erdölexportierenden Länder), von 1970 bis Ende der 80er Jahre haben sie da-gegen abgenommen. Aufgrund einer Reihe restriktiver Annahmen spielen Terms of Trade in der wirtschaftspolitischen Diskussion kaum noch eine Rolle. Das Inte-resse gilt heute vor allem den institutionellen Rahmenbedingungen des Außen-handels.

**TERTIÄRISIERUNG:** Absolute und relative Zunahme tertiärer Tätigkeiten in Räumen unterschiedlicher Größe, z. B. im Stadtkern, oder in einem Industrieunterneh-men, bei absoluter und relativer Abnahme der Produktionsfunktion (nicht sekt-orale Strukturverschiebung, sondern sektorübergreifender Wandel der Produkti-onsstrukturen).

**WELTBANK:** 1944 als internationale Bank für Wiederaufbau und Entwicklung auf der Konferenz von Bretton Woods zusammen mit dem Internationalen Wäh-rungsfonds gegründet. Die Weltbank, Sitz in Washington D. C., verfolgt das Ziel, das wirtschaftliche Wachstum der Entwicklungsländer und der ehemaligen kom-munistischen Länder durch Unterstützung von Investitionen zu fördern.

**WELTWIRTSCHAFTSORDNUNG:** Gesamtheit der Gesetze und Abkommen, die den internationalen und globalen Wirtschaftsverkehr regeln. Bestandteile der Weltwirtschaftsordnung sind die Welthandelsordnung und die Weltwährungsord-nung.

**WERTSCHÖPFUNG:** Die Wertschöpfung umfaßt die innerhalb eines abgegrenzten Wirtschaftsraumes erbrachte wirtschaftliche Leistung (Produktionswert minus Vorleistungen, d.h. Materialien, Handelsware und Kosten für Lohnarbeiten durch In- und Ausländer) insgesamt. Sie wird als Bruttowertschöpüfung (zu Marktprei-sen) und als Nettowertschöpfung (zu Faktorpreisen) berechnet. Der Unterschied besteht in den Abschreibungen und den um die Subventionen verringerten Pro-duktionsteuern.

**WIRTSCHAFTSGEOGRAPHIE:** Gegenstand des Faches sind die Beschreibung und Erklärung der räumlichen Ordnung und Organisation wirtschaftlicher Tätigkeiten, der Beziehungen zwischen den Tätigkeiten (Interaktionen) und der Veränderung der räumlichen Ordnung und Organisation der Tätigkeiten (Prozesse). Alle Aktivi-täten können Standorten von Unternehmen, Institutionen und Haushalten und Räumen zugeordnet und durch die Standort- oder Raumstruktur abgebildet wer-den. Das Fach Wirtschaftsgeographie kann nach den Aufgaben gegliedert wer-den, z. B. in Theorie- und Methodenentwicklung, empirische Forschung und Poli-tik, oder nach Tätigkeiten und Sektoren, z. B. in Agrargeographie, Industriege-ographie und Geographie des tertiären Sektors.

**WTO:** World Trade Organisation. Die Welthandelsorganisation ist seit 1995 Nachfol-georganisation des GATT (General Agreement on Tariffs and Trade). Zu dem Zielen der WTO gehören die optimale Nutzung der Ressourcen durch Öffnung der Märkte und die Steigerung von Beschäftigung und Einkommen. Der WTO gehören etwa 170 Staaten an. In mehreren Runden wurden Regelungen für den Welthandel gesucht. Die ersten fünf GATT-Runden (Genf 1947, Annecy 1949, Torquay 1951, Genf 1956, Dillon 1960/61) bezogen sich auf den Zollabau, die Kennedy-Runde (1964-67) und die Tokyo-Runde (1973-79) vor allem auf das Problem des Anti-Dumpings und eines Codes für Subventionen. Die Uruguay-Runde (1988-93) bemühte sich um internationale Regelungen für geistiges Ei-gentum, für Dienstleistungen und Investitionen.

**ZAHLUNGSBILANZ:** Als Zahlungsbilanz bezeichnet man die statistische (ex post-) Erfassung aller ökonomischer Transaktionen zwischen Inländern und Auslän-dern (private und öffentliche Haushalte, Unternehmen und sonstige Organisatio-nen): Teilbilanzen sind die Handelsbilanz, die Dienstleisungsbilanz, die Bilanz der unentgeltlichen Leistungen, auch Übertragungsbilanz genannt, und die Kapi-talverkehrsbilanz.

**Quelle: W. Gaebe, K. Kulinat, B. Lenz, S. Strambach, G. Halder.**